OK
OK

OK
OK

ANNEMARIE
MONTEIL

DER TINGUELY-BRUNNEN IN BASEL

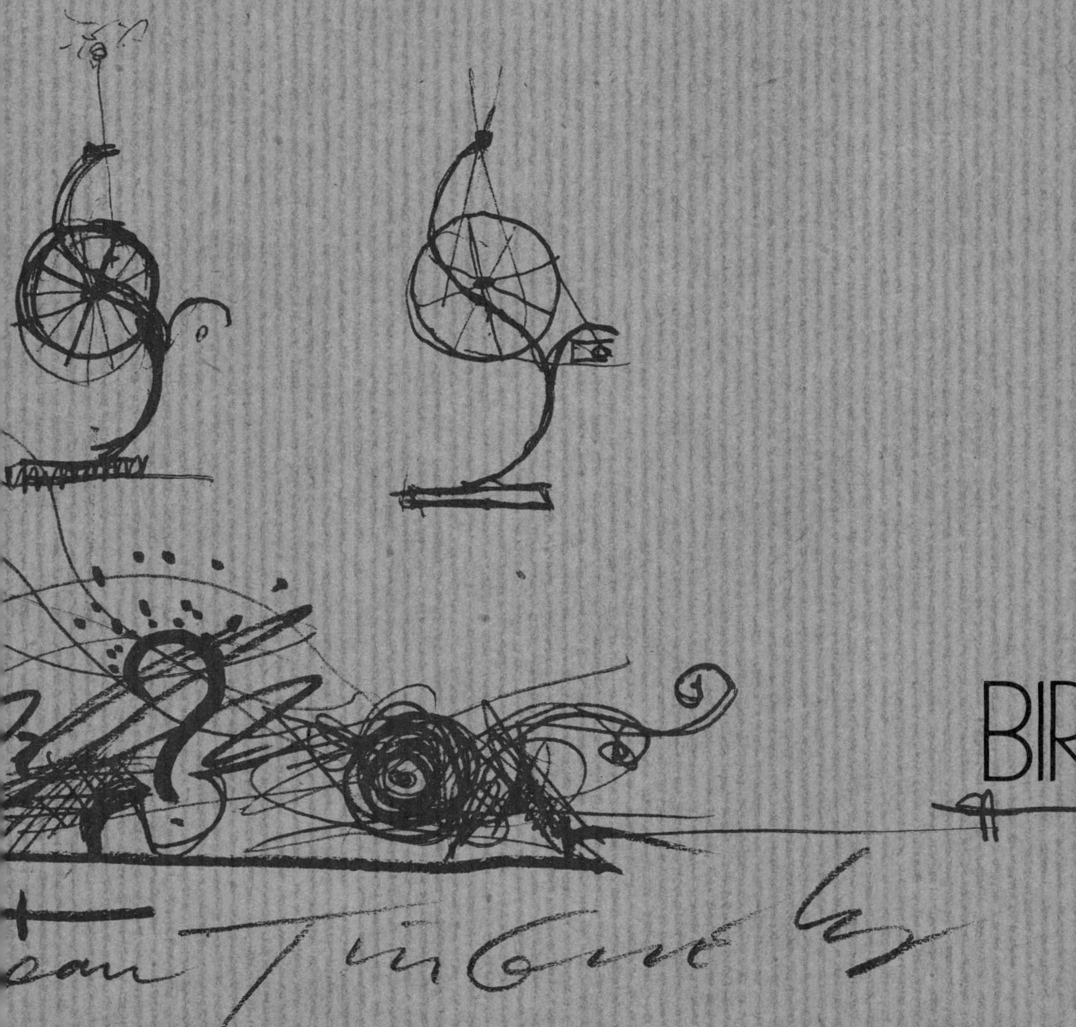

BIRKHÆUSER
BASEL
BOSTON
STUTTGART

CIP-Kurztitelaufnahme der Deutschen Bibliothek
Monteil, Annemarie:
Der Tinguely-Brunnen in Basel / Annemarie
Monteil. — Basel, Boston, Stuttgart:
Birkhäuser, 1980.
ISBN 3-7643-1116-1

Satz, Druck, Einband: Birkhäuser AG,
Graphisches Unternehmen, Basel
Fotolithos: Steiner + Co AG, Basel
Buchdesign: Albert Gomm swb asg Basel

ISBN 3–7643–1116–1 .

Aus dem Inhalt

Zu jeder Tageszeit und bis spät in die Nacht sind hier Menschen anzutreffen, die mitten aus ihrem Alltag heraus zu lächeln beginnen: vor dem Tinguely-Brunnen auf dem Theaterplatz Basels.
Während heutzutage ‹Kunst im öffentlichen Raum› vom Publikum oder von Kunstgelehrten oft verketzert, angegriffen oder — noch schlimmer — einfach nicht beachtet wird, fand der Brunnen von der ersten Stunde seiner reichlich komplizierten Inbetriebsetzung an freudige Zustimmung. Innerhalb Jahresfrist wurde er zum festen Besitz der Bewohner. Man trifft sich ‹beim Brunnen›. Auswärtige Besucher reisen zur Besichtigung an.
Dabei geht es weder um eine monumentale Bildhauerei im alten Sinn noch um eine moderne, weithin sichtbare Grosskonstruktion. Vielmehr hat ein Künstler aus einer jeder praktischen oder ideologischen Nützlichkeit abholden Weltsicht heraus bewegte Maschinchen geschaffen, die dem Menschen ein heute weitgehend verschlossenes Reich öffnen: dasjenige des geistvoll-heiteren Spiels. Aus diesem Spiel-Raum möchte unser Buch einiges berichten.

Ein Platz entsteht

Noch vor einem Jahrzehnt hätte sich kein Stadtbesucher vorstellen können, dass am heutigen Standort ein Brunnen spritzen und sprühen werde. Dazu ein kurzer Rückblick auf die Vorgeschichte.
Der Theaterplatz in seiner jetzigen Gestalt und damit die Lage des Brunnens sind nicht aus traditionsbestimmten städtebaulichen Strukturen gewachsen, sondern aus einer planerisch mutigen Tat entstanden. Genau am Standort des jetzigen Brunnens nämlich befand sich die Bühne des alten Theaters (Seite 19). Längst erfüllte das Haus die feuerpolizeilichen und arbeitshygienischen Vorschriften nicht mehr und wies schwere Sicht- und Akustikmängel auf. Es brauchte jedoch drei Wettbewerbe, bis eine befriedigende Lösung für ein neues Theater gefunden wurde.
Das schliesslich zum Ziel führende Wettbewerbsprogramm von 1963/64 sah vor, dass das neue Theater vom Steinenberg weggerückt und dadurch ein neuer Freiraum geschaffen werde. Da es die heutige städtebauliche Situation fast visionär vorwegnimmt, sei ein Passus daraus zitiert:

«Die beiden vorausgegangenen Wettbewerbe haben eindeutig gezeigt, dass es erwünscht ist, in der Zone des heutigen Theaterbaues einen Freiplatz vorzusehen. Damit würde in den relativ schmalen, teilweise fast grabenartigen Strassenzügen der inneren Stadt als neue Zäsur neben Markt- und Barfüsserplatz eine willkommene räumliche Ausweitung geschaffen. Der Platz bliebe in Form einer ruhigen Insel im Verkehrsfluss für die Fussgänger reserviert ... Damit würde er zum angestrebten sichtbaren Mittelpunkt des kulturellen Lebens und läge an diesem Ort richtig in Verbindung mit den Casinosälen, der Altstadt, dem Münster und den Museen ...»

Urbaner Raum gesucht

Das heutige Stadttheater, ein Projekt der Architekten Schwarz, Gutmann, Schüpbach, Gloor, ist auf den neugeschaffenen Freiraum hin konzipiert mit seiner ausladend breiten Treppe und den gestuften Fassadenrhythmen unter baldachinartig schwingendem Dach (Seite 17).
Den Theaterplatz zu gestalten war keine leichte Aufgabe. Die Umgebung ist stilistisch sehr verschiedenartig. Die Platzanlage musste in Beziehung zum Gefälle des Steinenbergs gebracht werden. Zudem war auf verschiedene Bedürfnisse Rücksicht zu nehmen: Ein breites Publikum, nicht nur der Theaterbesucher, soll eine eigene urbane Ambiance finden; die Verbindung des Theaters und der benachbarten Kunsthalle musste mit dem entfernteren Barfüsserplatz für Fussgänger eingeplant werden. Zur Belebung sollten schliesslich auch Läden Platz finden.

Keine klassische Piazza

Die überzeugende Lösung fanden die Architekten in Zusammenarbeit mit dem Hochbauamt in einer schichtartigen Anlage. Der damalige Kantonsbaumeister Hans Luder, der an der Gestaltung mitwirkte, schrieb dazu:
«Während zum Beispiel der Basler Marktplatz ein relativ geschlossener Platz ist, handelt es sich beim Theaterplatz um einen offenen. Der Raum ruht nicht in sich, sondern sendet von mehreren Plafonds optische Strahlen aus auf schönste, fast möchte man sagen,

wie vom Theaterregisseur gebaute Bühnenbilder. Dabei werden in verschiedenen Kombinationen die Elisabethenkirche und Barfüsserkirche, der Casinobau oder die Kunsthalle einbezogen. Dieser vom Standort des Beschauers abhängige Wechsel der Szenerien gehört zum Phänomen der optischen Raummechanik.»
Die erwähnten ‹Plafonds› schaffen verschiedenartige Bezirke, sowohl in bezug auf die Benutzung als auch auf das Atmosphärische. Die Verbindung zur enger strukturierten Altstadt geschieht auf zwei kleinräumiger gehaltenen, tiefer gelegenen Ebenen, mit einem an altmodische Squares anklingenden Pärklein. Von dort gelangt man wie durch einen Schlitz in der Topographie zu einer Boutiquezone samt charmantem Kleinkino.
Die obere Ebene mit der weiterführenden Monumentaltreppe bildet eine eigentliche Zone der Begegnung. Schon in frühen Planungsphasen dachte man hier an eine Brunnenanlage. Als die Diskussion vollends in Gang kam, traf etwas Unerwartetes von aussen ein, etwas, das weit über den ‹Zufall› hinaus heute als das notwendig ‹Fällige› erscheint.

Das Geschenk

Im Jahre 1975 wurde die Genossenschaft Migros Basel fünfzig Jahre alt. Seit ihrer Gründung durch Gottlieb Duttweiler hatte sie stets an einem Teil ihres finanziellen Erfolges auch die Kultur teilhaben lassen. In diesem Sinn beschloss sie, der Stadt Basel ein Jubiläums-Kunst-Geschenk zu machen, es sollte ein ‹Fasnachtsbrunnen› sein. Das teilte Migros Basel dem Regierungsrat des Kantons Basel-Stadt mit.
Die Beratung einer speziell eingesetzten Kommission, bestehend aus einem Regierungsrat, den Architekten, dem Kantonsbaumeister, dem Kunsthalleleiter, der Migros-Direktion und Basler Künstlern, nahm einen spektakulären Verlauf. Obwohl nämlich zuerst ein Wettbewerb anvisiert worden war, rang man sich bald zu einer zentralen Idee durch: Der Auftrag für den Fasnachtsbrunnen soll an Jean Tinguely gehen.
Lakonisches Protokoll vom 3. September 1975 nach nur drei Sitzungen: «Jean Tinguely ist bereit, den Auftrag entgegenzuneh-

men. Ebenso ist er bereit, an der Gestaltung des Theaterplatzes beratend mitzuwirken. Die Kommission löst sich auf.»
Die demokratische Zusammenarbeit von Wirtschaft, Staat und Künstler funktionierte exemplarisch und schien wie ein guter Stern über dem Unternehmen zu stehen. Die Migros-Genossenschaft kam für die Kosten der Brunnenfiguren auf. Die Regierungsräte Eugen Keller als Vorsteher der industriellen Werke, Arnold Schneider als Kulturminister und Lukas Burckhardt als Finanzverantwortlicher und Tinguely-Freund halfen nicht nur ideell am Zustandekommen, sie sorgten auch dafür, dass der Staat die Installation des Beckens und die technischen Einrichtungen übernahm.
Zum Gelingen trug bei, dass Stifter und Staat lediglich die encouragierende Initialzündung gaben und dem Künstler nachher volle Freiheit liessen. Ein eigentliches ausgearbeitetes Projekt des Brunnens kam nie jemandem zu Gesicht.
Jean Tinguely wusste das Vertrauen zu schätzen. Man habe ihm die Fähigkeit zugetraut, sich in einen solchen Platz zu integrieren. Dankbar betont er, dass ein erster intensiver Anstoss vom verstorbenen Kunsthalleleiter Carlo Huber kam. Nachher sei es dann Werner Muster von der Migros gewesen, ‹der richtig zündete›.

Jean Tinguely und die Freiheit

Der Brunnenauftrag für den Theaterplatz wurde zu einer von Tinguelys grössten Arbeiten. Dass das vielgestaltige Unternehmen für Basel entstand, war an der Zeit, denn in dieser Stadt wuchs Tinguely auf, hieher kommt er immer wieder zurück, zu Freunden, an die Fasnacht. Bis zu diesem Zeitpunkt aber hatte der weltberühmte Sohn in seiner Vaterstadt noch keine öffentliche Arbeit ausgeführt.
Jean Tinguely, diese einzigartige Mischung von Handwerker und Künstler, sei kurz vorgestellt. Er wurde am 22. Mai 1925 in Fribourg geboren, 1927 zogen die Eltern nach Basel. Jeannot, wie ihn seine Freunde nennen, machte eine Dekorationslehre, besuchte die Basler Kunstgewerbeschule. Schon als Bub hatte er Wasserradmaschinen gebaut; nach der Gewerbeschule, 1951, experimentierte er damit weiter. 1952 ist er in Paris zu finden. Konse-

quent treibt er seine Maschinenarbeit weiter. Bald steht er im Zentrum der ‹kinetischen Kunstrichtung›, seine ‹Meta-Maschinen› waren schon damals aus Abfallmaterial und mit Motor angetriebene skurrile Gestaltungen. Und heute, obschon die Bewegungskunst im internationalen Trend etwas abgeklungen ist, geht Tinguely unentwegt die eingeschlagene Spur weiter. Denn die ‹Bewegung› ist bei ihm keine Mode, sondern ureigenste Ausdrucksmöglichkeit seines Wesens. Wohl deshalb hat er sich in seinen Werken eine mitreissende Lebendigkeit bewahrt.
Dazu ist er selbst zu zitieren, wie er es in einem 1959 aus einem Flugzeug über Düsseldorf abgeworfenen Manifest formulierte: «... Widersteht den angstvollen Schwächeanfällen, Bewegtes anzuhalten, Augenblicke zu versteinern und Lebendiges zu töten. Gebt es auf, immer wieder ‹Werte› aufzustellen, die doch in sich zusammenfallen. Seid frei, lebt!»
Also Bewegung als Ausdruck der Freiheit, als Aufruf zur Freiheit, als Mittel gegen jene Erstarrung, der früher oder später der Unfreie verfällt. Dass dieses durchaus revolutionär gemeinte Manifest nun aber nicht in dogmatische, tierisch ernste Gestaltungen mündet, sondern in Figuren von spielerischer Leichtigkeit: darin liegt nicht nur der Charme vordergründiger Bezauberung, sondern die nachhaltigere Wirkung heiterer Weisheit.

Die Idee im Kopf des Künstlers

Der Auftrag für den Brunnen war erteilt, nun wurde es einige Zeit ruhig um das Projekt. Zumindest nach aussen. Jean Tinguely arbeitete in der Stille daran. Dabei ging es weniger um das Sammeln von brauchbaren Maschinenteilen als um das Suchen nach Vorstellungen der zu realisierenden Bewegungsabläufe. Was jetzt nach lustigem Bricolagespiel aussehen mag, das entsteht jeweils präzis und bewusst im Kopf des Künstlers. Das verrät Tinguelys treuer technischer Assistent Sepp Imhof, der es besser als irgend jemand wissen muss: «Jeannot kann sich im Geist auf den Arbeitsplatz versetzen, sein räumliches Vorstellungsvermögen ist irrsinnig. Er sieht von Anfang an, wie es sein muss. Am Schluss geht dann das Setzen und Montieren ganz schnell.» Man könnte sol-

ches ‹die Vision des Künstlers› nennen, aber weder Sepp noch Jeannot lieben grosse Worte.
Was war es, das Tinguely ‹von Anfang an sah›? Er meint dazu rückblickend: «Auf dem Theaterplatz sollte vor allem keine Einzelskulptur entstehen, die in sich geschlossen ist, nichts Mauerartiges, das die Leute abweist. So wurde die Idee aufgesplittert.»
Insgesamt neun Plastiken wurden projektiert, jede sollte eine ausgeprägte Individualität erhalten und ‹nie monumentalisiert werden, damit der Bezug zum Menschen gewahrt bleibt›. Der Mensch also als Partner, als Mitspieler war von Beginn an einkalkuliert.
Musste das Nebeneinander so verschiedenartiger Figuren nicht einfach zu einer Ausstellung, zum Skulpturengarten führen? Nein, denn als einheitliches und verbindendes Element wurde das Wasser eingesetzt.
Ferner gehörte zu Tinguelys Grundkonzept: Die Plastiken sollen möglichst auf die Bewegung hin konzipiert, möglichst der starren Materie entzogen werden. Deshalb wurde leichtes Material, das viele Durchblicke freigibt, verwendet. Ohnehin gehörte es zu den technischen Randbedingungen, dass ein Quadratmeter nicht mit mehr als fünfhundert Kilogramm zu belasten sei. Tinguely hat es mit höchstens dreihundert Kilo geschafft: «Es wäre einfacher gewesen, mehr Eisen zu verwenden, aber es ging mir darum, im Sinn des ‹Geistigen in der Kunst› zu operieren.»
Die Brunnenspiele aus Renaissance und Barock hat Jeannot genau studiert. Und er fühlt sich im Vorteil, dass in seinem Werk nicht ‹nur› das Wasser bewegt ist, sondern die Figuren selbst in Aktion versetzt sind. Als Kind seiner Zeit hat er den Motor zur Verfügung — und nutzt ihn.
Bei all diesem sinnenden Projektieren ging wie ein Cantus firmus mit, was Tinguely selbst so formuliert: «Der Respekt vor Mensch und Raum.»
Die einzelnen Brunnenfiguren entstanden abenteuerlich, nämlich jede an einem andern Ort, in anderer Werkstatt, sei es in Frankreich, in Fribourg, einmal auch am Arbeitsplatz des Bildhauerfreundes Bernhard Luginbühl, dann wieder in Basel. Das Arbeitsmate-

rial lieferten zum grössten Teil die Bestandteile des alten abgerissenen Theaters. Ein geisterhaftes Spiel soll komödiantische Erinnerungen an das alte Haus bewahren.

Montieren

Das Brunnenbecken durfte nicht tief werden, um Kindern keine Gefahr zu bringen. Das war für den erfindungsreichen Tinguely kein ästhetisches Hindernis, vielmehr können ihn äussere Schwierigkeiten oft geradezu gestalterisch inspirieren. Er liess das nur neunzehn Zentimeter tiefe Becken listigerweise mit schwarzem Asphalt ausgiessen und nahm ihm damit jeden Anflug von seichtem Tümpel (Seite 23). Die Seitenlängen sind sechzehn und neunzehn Meter, 55 000 Liter Wasser braucht es zum Füllen. Ein Umwälzverfahren (Seite 31) sorgt für Reinigung. Die teils rechteckige, teils abgerundete Beckenform (Seite 32 / 33) bildet mit Platz, Treppe und Brunnenfiguren eine grosse schwingende Komposition.
Die Einweihung des Brunnens war auf den 14. Juni 1977 ‹punkt 20.15 Uhr auf dem Theaterplatz› vorgesehen (Seite 57).
Noch wenige Tage vorher lagen Schläuche, Röhren, Wracks von Maschinen herum (Seite 26—29), kein Mensch konnte sich daraus ein Kunstwerk zusammenbuchstabieren. Und wird die Zeit reichen? Nur Tinguely, überall im Overall zugegen und die Dinge in seinem Kopf wohlgeordnet, wirkte ruhig und zuversichtlich.
Vom Gas- und Wasserwerk arbeitete ein Team mit Eifer und Improvisationsgabe. Seine Sorge war, ob der Druck der Pumpen ausreichen würde, denn man kannte die Figuren zum voraus nicht. Tinguelys technische Auskünfte hatten sich auf die Angabe beschränkt, es brauche ‹etwa den Druck von zwölf Gartenschläuchen›. Der verantwortliche Chef, Hans-Peter Widmer, bekennt noch heute, ihn sei ‹das Zittern angekommen, ob das überhaupt funktionieren werde›.
Auch seither hat der Brunnen immer wieder viel technische Kreativität von den Wasserwerkleuten verlangt, die aber mit unermüdlichem Einsatz die komplexen Hinter- und Untergründe des Tag und Nacht, bei Hitze und Vereisung laufenden Brunnens überwachen, reparieren und verbessern.

Und heute wie damals bei den gedrängten Einrichtungsarbeiten: Es funktioniert. Am 14. Juni ging pannenlos — mit Ausnahme des nicht eingeplanten Regens — eine sehr baslerische Einweihung über die Bühne mit Trommel- und Pfeifermärschen, Ballett, Jugendzirkus, Feuerwerk (Seite 64—69). Tinguely erschien, schwarz gekleidet wie sein pechschwarzes Brunnenbecken, hoch auf dem Kamel (Seite 65).

Die Schauspieler treten auf

Im Becken hat Jean Tinguely neun mit Schwachstrom betriebene wasserspritzende Metallplastiken angeordnet. Mit Hilfe genau studierter Pumpen, Zylinder, Räder, Gleitschienen, Verstäuber und Düsen aller Art hat er jeder Figur ihren unverwechselbaren Charakter gegeben. Diesem Herausarbeiten von Persönlichkeiten entspricht es, dass jede ihren speziellen Namen trägt, und zwar im Dialekt. Diese Namen ‹kamen von allein›, sagt Tinguely, ‹in Zusammenarbeit mit Handwerkern und Wasserwerksleuten waren sie plötzlich da›. Auch das gehört zum Selbstverständnis dieser Brunnenanlage.
Die neun Solisten seien kurz vorgestellt:

dr Theaterkopf
Seite 42

Auf der Dachzinne des alten Theaters waren Musenköpfe plaziert, die zur Eingangsseite blickten. Tinguely wählte zwischen den verschiedenen Gesichtsausdrücken eine lachende Muse. Der ursprünglich aus französischem Kalkstein gehauene Kopf wurde vom Basler Bildhauer Jacques Weder restauriert und abgegossen und nachher durch Mitarbeiter von Ciba-Geigy in Araldit nachgebildet. Er setzt nun zwischen den verspielteren und rascher agierenden übrigen Gestalten den Akzent gemächlicher Würde. Bewegt von der Hebebühne des einstigen Theaterliftes, neigt sich der Kopf gemessen vor und zurück, aus den Augen schiessen Strahlen: sprühende Hommage an die Kunst oder tränendes Bedauern?

d Spinne
Seite 43

Als recht unheimliches Insekt breitet sich die Spinne mit ihren dünnen Gestängearmen aus. Sie entlässt aus zwei Düsen spritzige Wasserbündel, das eine vollführt eine irrschnelle Kreiselbewegung an Ort. Im scharf-nervösen Ballett der bizarren Spinne lässt sich studieren, wie Lebensintensität in Hektik umschlagen kann.

dr Waggler
Seite 44/45
Aus einem vielfältigen Räderwerk entsendet dr Waggler eine biegsame Wasserschlange, die sich aufrichtend vortastet und dann zurückschnellt: ein Schleifentanz unaufhörlicher Neugier.

d Fontääne
Seite 46/47
Offensichtlich hat d Fontääne im Verband von Tinguelys Figurinen die Rolle der Diva übernommen. Stolz und dekorativ gibt sie sich mit ihrem grossen Rad und dem aufwärtsstrebenden Schlauch, aus dem sich ein wahrer Springbrunnen ergiesst. Rad- und Schlauchbewegung sind harmonisch aufeinander abgestimmt. Nur von tief unten schiesst ein frecher dünner Strahl wie ein Fragezeichen quer zur Divageste.

dr Spritzer
Seite 48/49
An zwei kompakten Rädern und einem kanonenartigen Rohr vorbei peitscht ein zuckender Strahl die Wasserfläche in raschem Rhythmus. Das kleinste Objekt der Versammlung ist das aggressivste. Auch es aber erhält noch einen Zuschuss an burleskem Spiel: durch das Ausschwingen in ein sich spiralig einbiegendes zartes Schnörkelelement, das einst ein Geschenk Luginbühls an Tinguely war und hier seinen Platz fand.

dr Suuser
Seite 50/51
Er steht selbstbewusst in der Brunnenmitte und lässt aus einer himmelwärts gerichteten Dusche das Wasser nach oben ‹sausen› und sich dann selbst damit übersprühen. Dr Suuser könnte auch als eigenständige Plastik zur Wirkung kommen. Trotzdem ordnet er sich dem Gesamtrhythmus ein und schafft zudem vom pfauenartigen Wasserspray eine Verbindung zu dem sich entfaltenden Gestänge der Pergoladächer (Seite 73).

dr Wäädel
Seite 52/53
‹Das ist die konfuseste Plastik› sagt Tinguely von ihm, und ‹er wurde total aus Bestandteilen des alten Theaters gebildet›. Die Verbiegung der Eisenteile hat nicht Tinguely vorgenommen, sie entstanden vielmehr während der Sprengung, womit das alte Theater sein Ende fand. Tinguely hat mit den kantigen Eisen und mit einer Kette einen kleinteilig verwinkelten Aufbau geschaffen, über dem in eleganter Lässigkeit ein gefächerter Strahl hin und her schaukelt – oder wedelt. Wer denkt dabei nicht an die vergangene Zeit der wedelnden Damenfächer in den Theaterlogen.

dr Schuufler
Seite 54
Den die Gesamtform bestimmenden sichelartigen Halbkreis fand Tinguely im Schutt des alten Theaters. Zwei Tellerchen schaufeln

unentwegt Wasser im Zweiertakt. Der kleine Schuufler, der in emsiger Versunkenheit vor sich hin arbeitet, ist von Tinguely als Ergänzungsfigur gedacht, könnte nicht allein stehen. Er wirkt nun wie eine jener skurril-liebenswürdigen Dienerfiguren aus einer Opera buffa, die wohl eine Nebenfunktion haben, ohne die aber das Geschehen weit weniger amüsant-spritzig wäre.

Das baseldeutsche Seechter, Sieb, gehört zu den bedächtig Schaffenden. Es schöpft Wasser, verliert es im Heben, um langsam wieder einzutauchen und neu zu schöpfen: ein Sisyphos, der aber nicht Verzweiflung, sondern behagliche Freude am Nutzlosen zu demonstrieren scheint – und damit unser auf ‹sinnvollen› Ertrag gerichtetes Denken und Tun in höchst notwendiges Wanken bringt.

s Seechter
Seite 55

Der Brunnen läuft

In diesen neun zu Maschinchen gewordenen Gauklern und Tänzern, Satyrn und Stars mag das ursprüngliche Thema des Auftraggebers – Fasnacht – wohl noch enthalten sein. Aber glücklicherweise wurden nicht die ewigen Variationen der üblichen, die Fasnacht symbolisierenden Requisiten verwendet, denn auch in Basel ist es nicht alle Tage Fasnacht. So kann jeder Beschauer vor dem surrealen Erlebnisgrund des Theaterbrunnens so viel Fasnacht oder sonstige Lustbarkeiten erblicken, als ihm lieb ist. Auch hier gilt der Tinguelysche Freiheitsbegriff.

Das Einzelobjekt demonstriert in seiner Bewegung sture Gleichmässigkeit, die an sich schon fasziniert wie das Tamtam bei einem Eingeborenentanz. Zugleich mischen sich aber die Gebärden der neun Figuren für den das Ganze überblickenden Zuschauer, und mit wechselndem Standort erlebt er die unzähligsten Varianten. Nun wird der Rhythmus zur Polyphonie von spannungsreicher Vielgestaltigkeit und Leichtigkeit. Anmut und Grazie bedürfen letztlich doch einer unterlegten Ordnung.

Bei einem Beschrieb des Brunnens wäre es eine Unterlassung, nicht nochmals darauf hinzuweisen, dass es sich bei diesen Figuren um ganz andere bewegliche Konstruktionen handelt, als wenn sie der Künstler für das ‹Trockene› schafft. Das Wasser ist die

Blutbahn der plastischen Gebilde, es gibt ihnen das pulsierende Leben. Tinguely hat die verschiedenartigsten Wassereffekte vom gebündelten Strahl zum sprühenden Gischt, vom schaufelnden Fassen zum tränenden Verströmen so präzise einkomponiert, dass jede Figur erst damit vollendet ist.
Wie die barocken Wasserspielmeister – etwa in Versailles – aus den Bewegungsformen des Wassers zusammen mit den Skulpturen und dem umgebenden Raum ein Ganzes schufen, so vermochte Tinguely ähnliches im Theaterbrunnen mit neuen Mitteln für unsere Zeit zu erfinden. Vielleicht brauchte es hierzu den Nährboden Basels, der so leicht Logisches und Skurriles gleichzeitig wachsen lässt.
Dass der Brunnen akzeptiert ist, geht daraus hervor, dass sich aus dem Verständnis für das Tun des Künstlers bald der Name ‹Tinguely-Brunnen› einbürgerte. Man muss dabeisein, wenn die Menschen im täglichen Flanieren vom Platz Besitz ergreifen, wenn Tramper am Brunnenrand behaglich ihre Brote auspacken, Kinder spielen, Passanten einander Bewegungen der Figuren erklären. Oder wenn bei einem Freiluftkonzert – zum Beispiel des Jazzmusikers Georges Gruntz – der Platz zur Bühne, die Freitreppe zu ansteigenden Stufensitzen eines Amphitheaters werden – und die Brunnenfiguren im Takt der Rhythmen mitzuagieren scheinen.
Von privaten Dialogen erzählte jener Student, der gestand, er identifiziere sich stets beim Vorbeigehen mit einer andern Brunnenfigur, je nach persönlichem Befinden. Er dürfte nicht der einzige sein, der diese formal-psychologische Ebene entdeckt hat. Die Figuren vermögen offenbar mit ihren bald zögernden, bald kecken, irritierenden oder sinnlosen Bewegungen stellvertretend für seelisch bedingte menschliche Verhaltensweisen zu stehen.
Tag und Nacht schaffen die Brunnenfiguren. Im hellen Tageslicht wirken sie durch ihre eifrige Geschäftigkeit. Wenn jedoch nach Theaterschluss die Heimkehrer noch einen Blick auf den Brunnen werfen, scheint er im Dunkeln leiser geworden zu sein. Aber unermüdlich und tröstlich bewegt er sich weiter, ein heimlicher Puls der Stadt.

17 >
Modell des neuen Stadttheaters, Architekten Schwarz / Gutmann / Schüpbach / Gloor. Das Projekt ging aus einem Wettbewerb hervor. Die gestufte, dem Gelände folgende Anlage mit dem weitschwingenden Dach des grossen Hauses ist auf den Platz hin konzipiert, auf dem später der Brunnen von Jean Tinguely entstehen sollte

18 ≫
Der letzte Vorhang im alten Stadttheater am 15. Juni 1975

19 ⋙
Die einstige Bühne. An dieser Stelle und mit Requisiten des alten Theaters plätschert heute der Tinguely-Brunnen

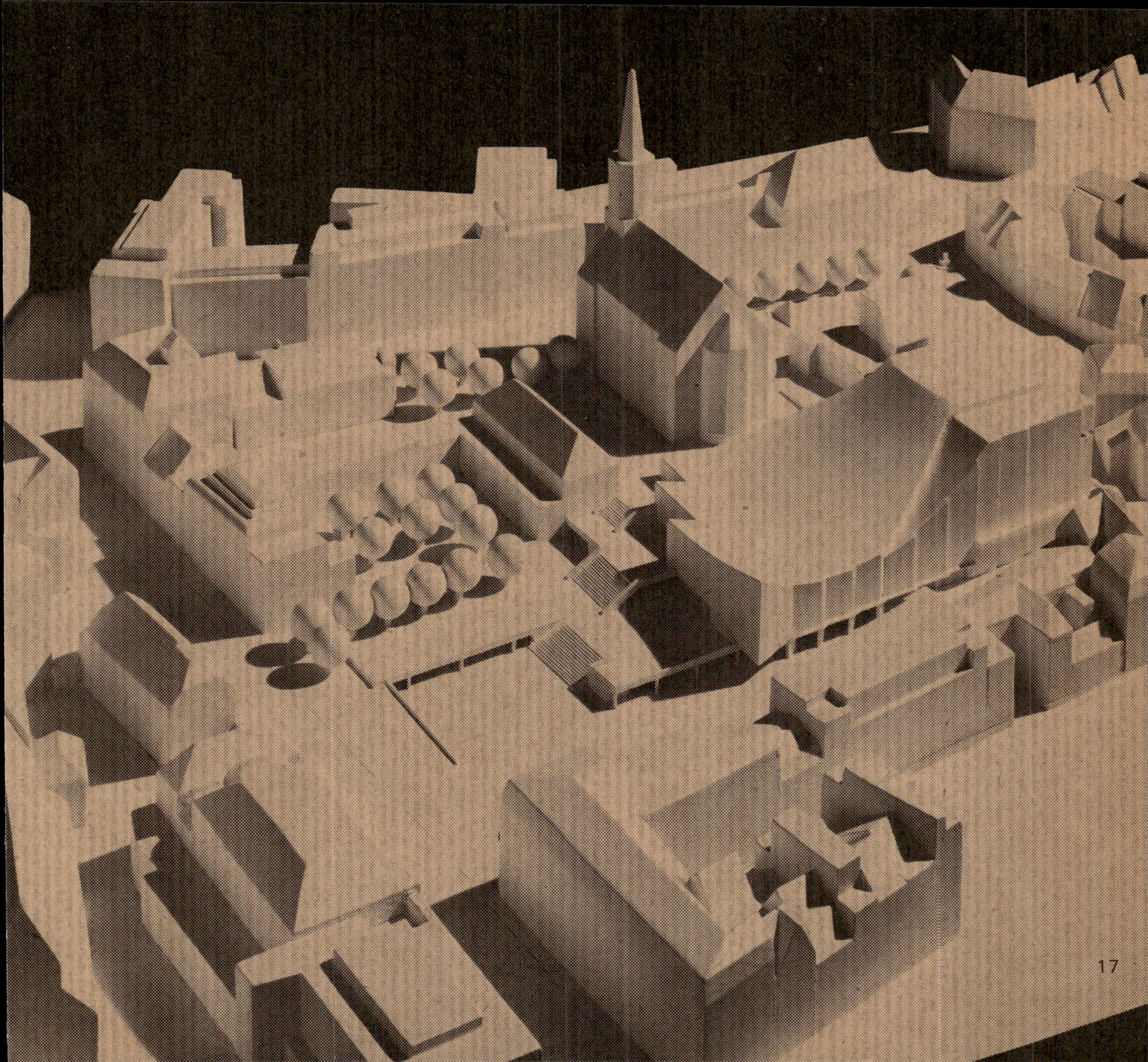

PRESSE-MITTEILUNG vom 6. September 1975

Wie der Presse entnommen werden konnte, schenkt die Genossenschaft Migros Basel, aus Anlass des 50 jährigen Bestehens der Migros-Gemeinschaft, der Stadt Basel einen Fasnachtsbrunnen.
Am 3. September hat eine Jury, bestehend aus Vertretern der Migros, des Regierungsrates und weiterer Behördemitglieder, sowie einiger namhafter Basler Künstler beschlossen, die Ausführung dieses Werkes dem bekannten Basler Plastiker

Jean Tinguely

zu übergeben. Dieser hat sich bereit erklärt, den Auftrag zu übernehmen. Gleichzeitig konnte auch bereits entschieden werden, diese Gestaltung der Fasnachtsidee im Vorplatz des neuen Stadt-Theaters zu integrieren.
Wir freuen uns, dass die Regierung und Jean Tinguely unsere Idee so positiv aufgenommen haben. Die Uebergabe wird voraussichtlich Ende 1976 erfolgen.

21
Brief von Jean Tinguely an Werner Muster

22/23>
Das grosse flache Brunnenbecken entsteht
24>>
Werkstatt
25>>
Baugespräche Jean Tinguelys mit Kantonsbaumeister Hans Luder und Adjunkt Adolf Kindler
26–29>>>
Jean Tinguely und seine Helfer an der Arbeit im Juni 1977

14 Juni 1977

thürlemann discount

→13A
→14
→14A
→15
→15A
→16
KODAK SAFETY FILM 5060
KODAK SAFETY FILM 5060
→19A
→20
→20A
1
3
3
→21A
→22
AFETY FILM 5060
KODAK SAFETY FILM 5060
KODAK SAFETY FI

→16A
→17
KODAK SAFETY FILM 5060
→12A
→13
KODAK
→22A
→23
→23A
→24
→24A
→25
5060
KODAK SAFETY FILM 5060
KODAK SAFETY FILM 5060
→29
→29A
→30
→30A
→31

30
Hans Brogle kontrolliert die technischen Anlagen

31>
Installations-Schema der Brunnenanlage
32/33>>
Der Plan des Theaterplatzes – und die Wirklichkeit

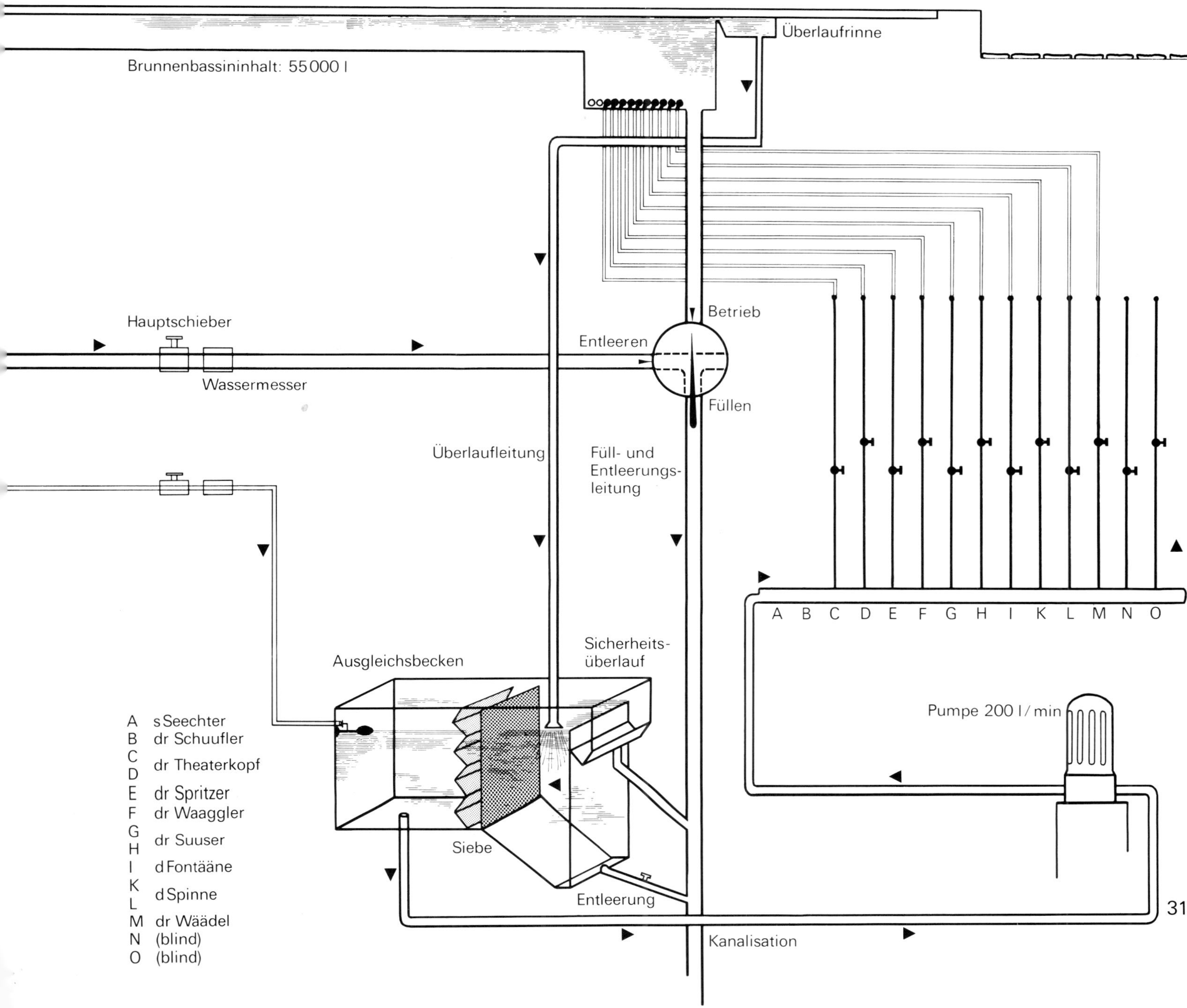
Überlaufrinne
Brunnenbassininhalt: 55000 l
Betrieb
Hauptschieber
Entleeren
Wassermesser
Füllen
Überlaufleitung
Füll- und Entleerungs-leitung
A B C D E F G H I K L M N O
Sicherheits-überlauf
Ausgleichsbecken
Pumpe 200 l/min
A s Seechter
B dr Schuufler
C D dr Theaterkopf
E dr Spritzer
F dr Waaggler
G H dr Suuser
I d Fontääne
K L d Spinne
M dr Wäädel
N (blind)
O (blind)
Siebe
Entleerung
Kanalisation

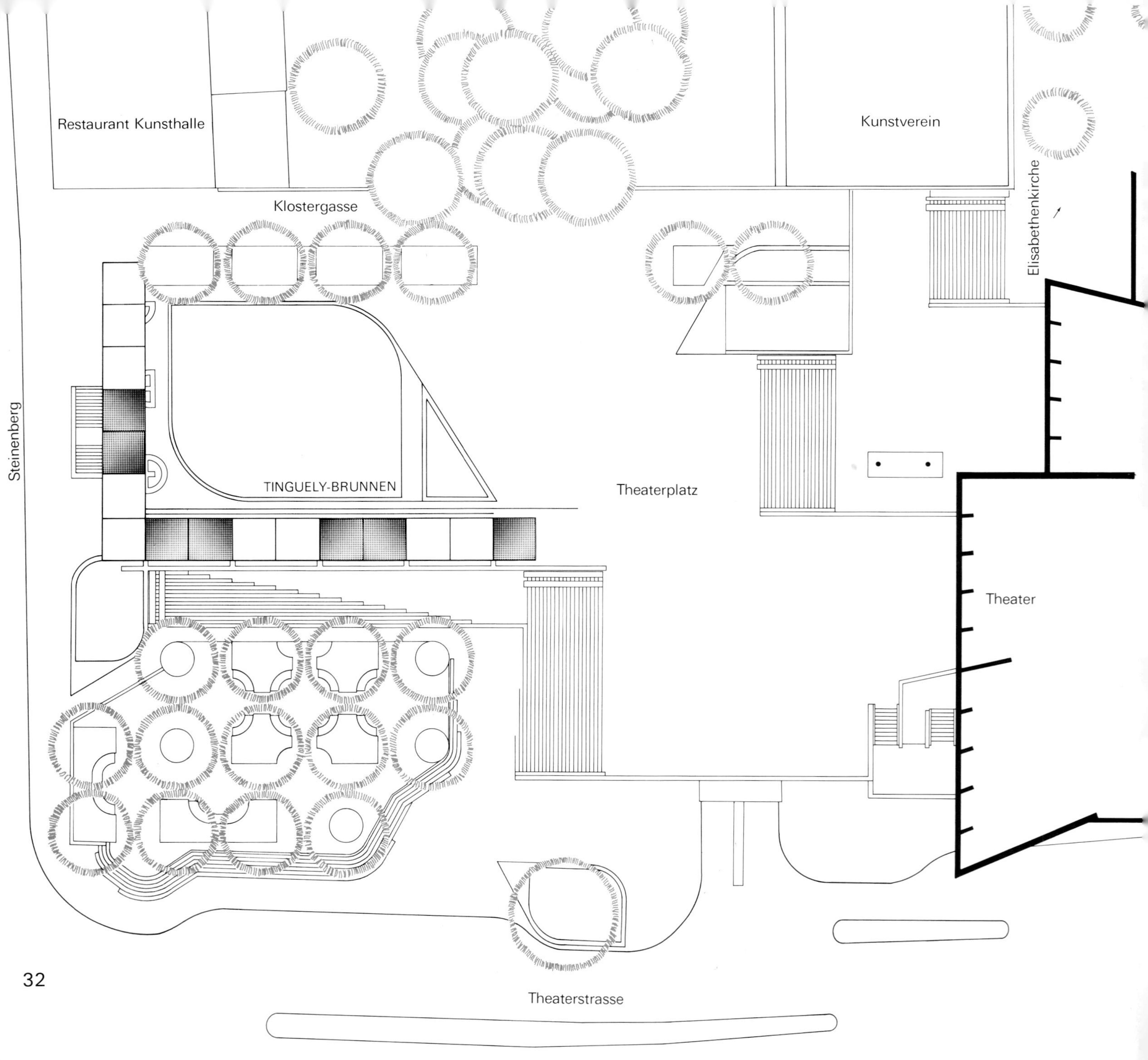

Restaurant Kunsthalle
Kunstverein
Klostergasse
Elisabethenkirche
Steinenberg
TINGUELY-BRUNNEN
Theaterplatz
Theater
Theaterstrasse

34–39
Hinter den Entwurfsskizzen stehen bereits präzise Vorstellungen

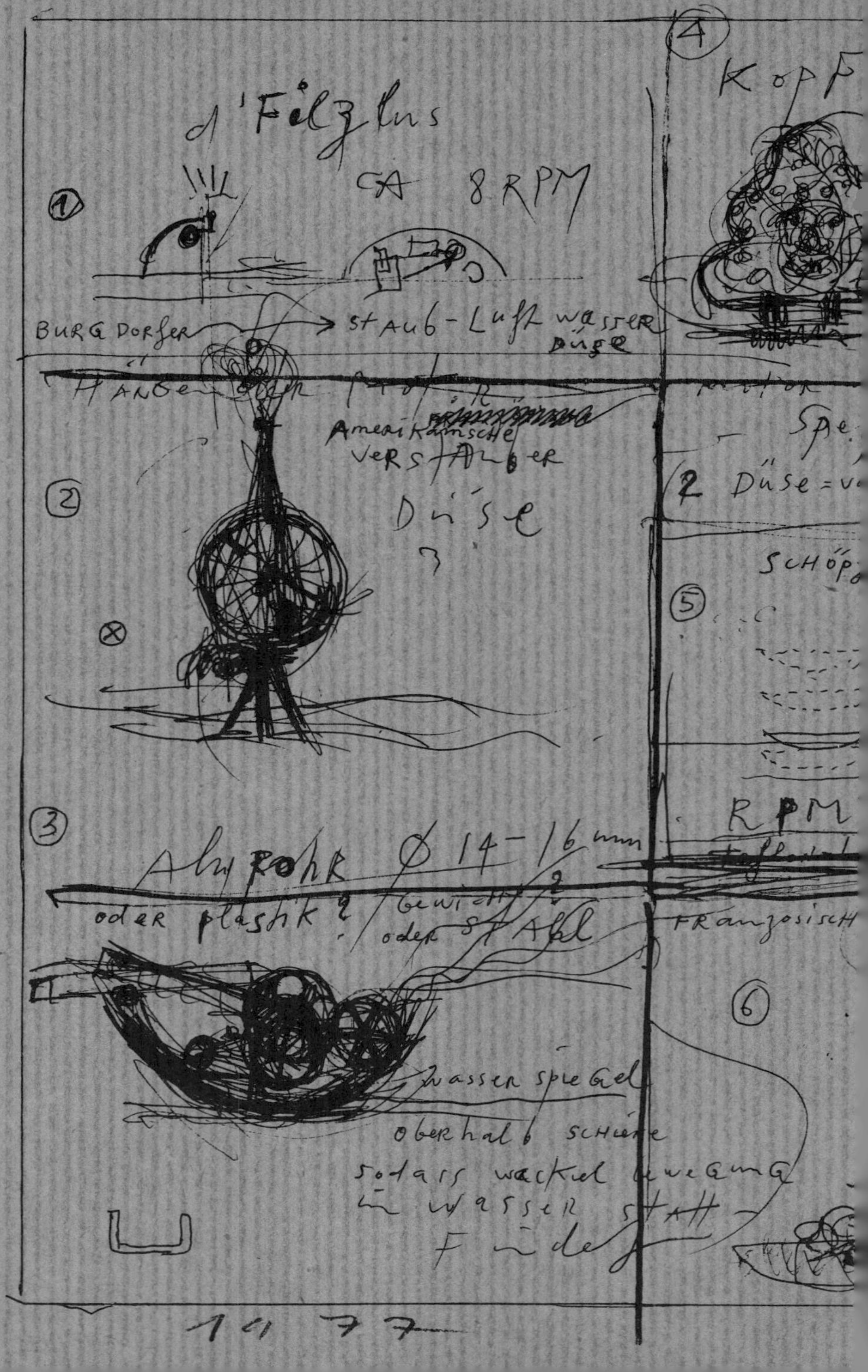

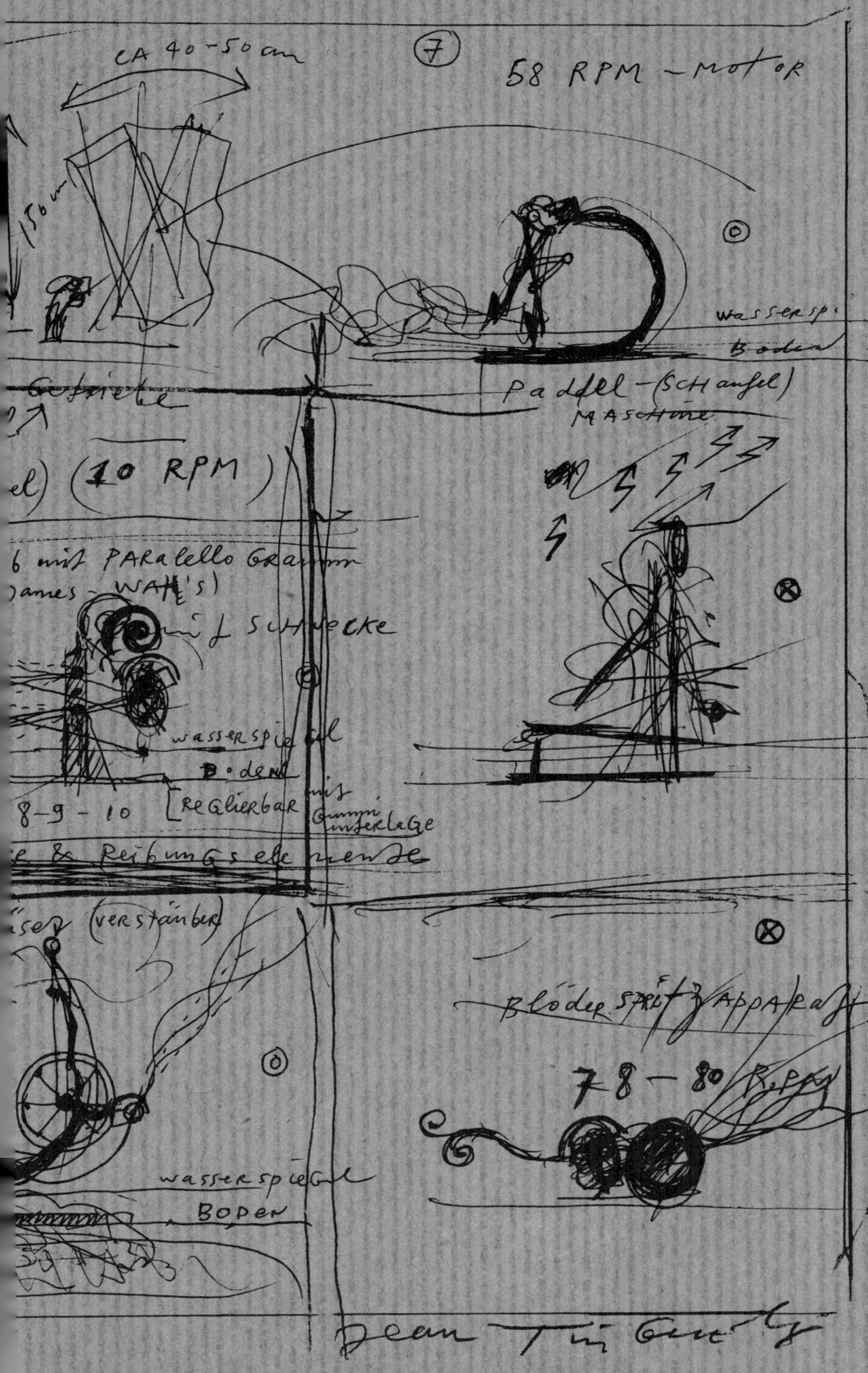
CA 40–50 cm
58 RPM – MOTOR
wasserspi
Boden
Paddel-(SCHaufel)
MASCHINE
(10 RPM)
wasserspiegel
BODEN
REGLIERBAR
8–9 – 10
(verstäuber)
Blöder Spritz Apparat
78–80 R.P.M.
wasserspiegel
BODEN
Jean Tinguely

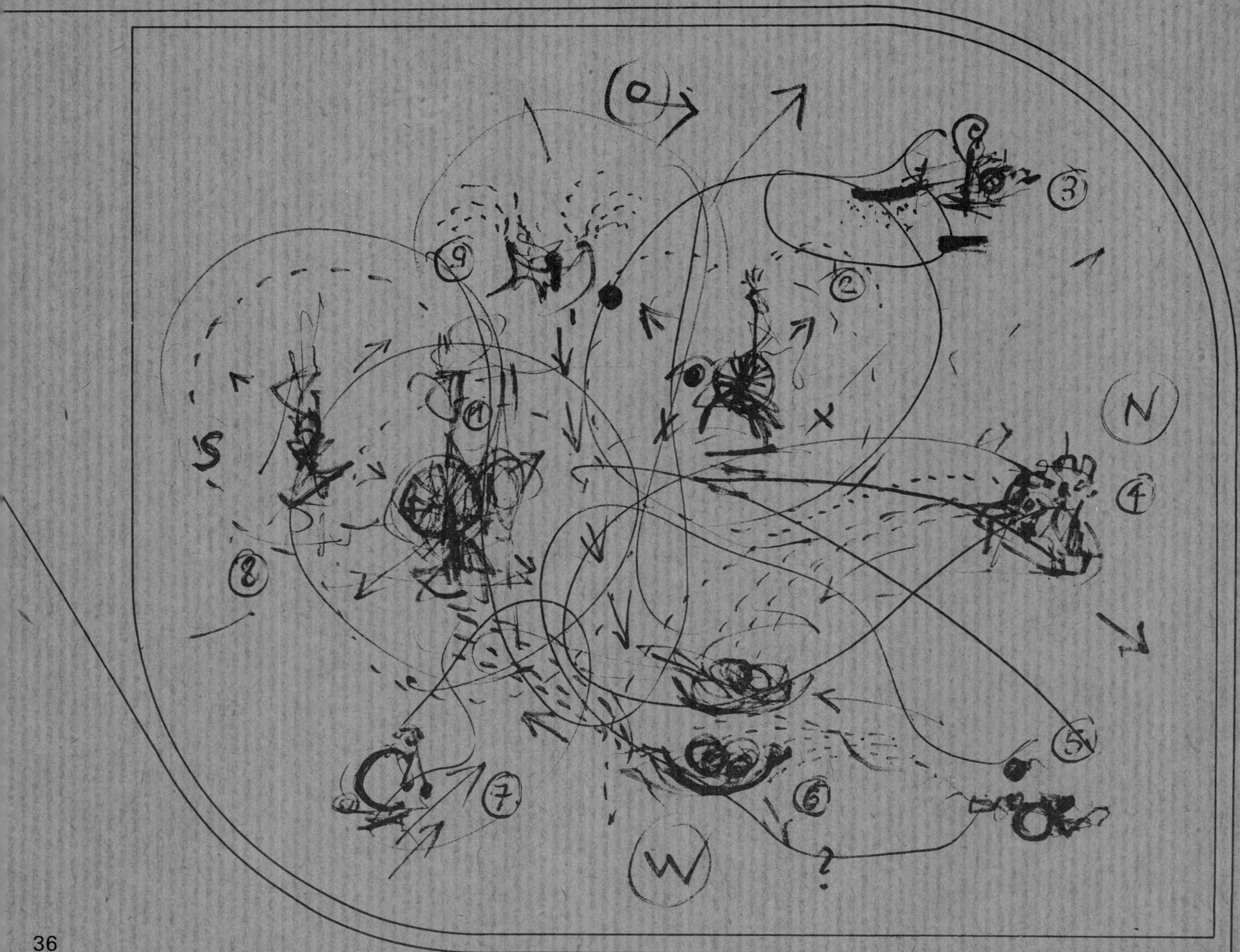
3
2
9
N
4
S
8
5
7
6
W
?

Schaukel
Gr R.
3 STRAHL
Düse
Zum Keil R.
& SPANNER
der KOPF
Hin und Her
SCHWENK
Spritzer
Kl. R.
2 STRAHL
mal 3 DÜSIG
WASSER
Spiegel
PARALELLO
GRAMM
Filzlus
DREISTRAHL
Spezial
Informations
Blatt
28 I 1977

1
2
3
4
5
4
1977
BASE

6
7
9

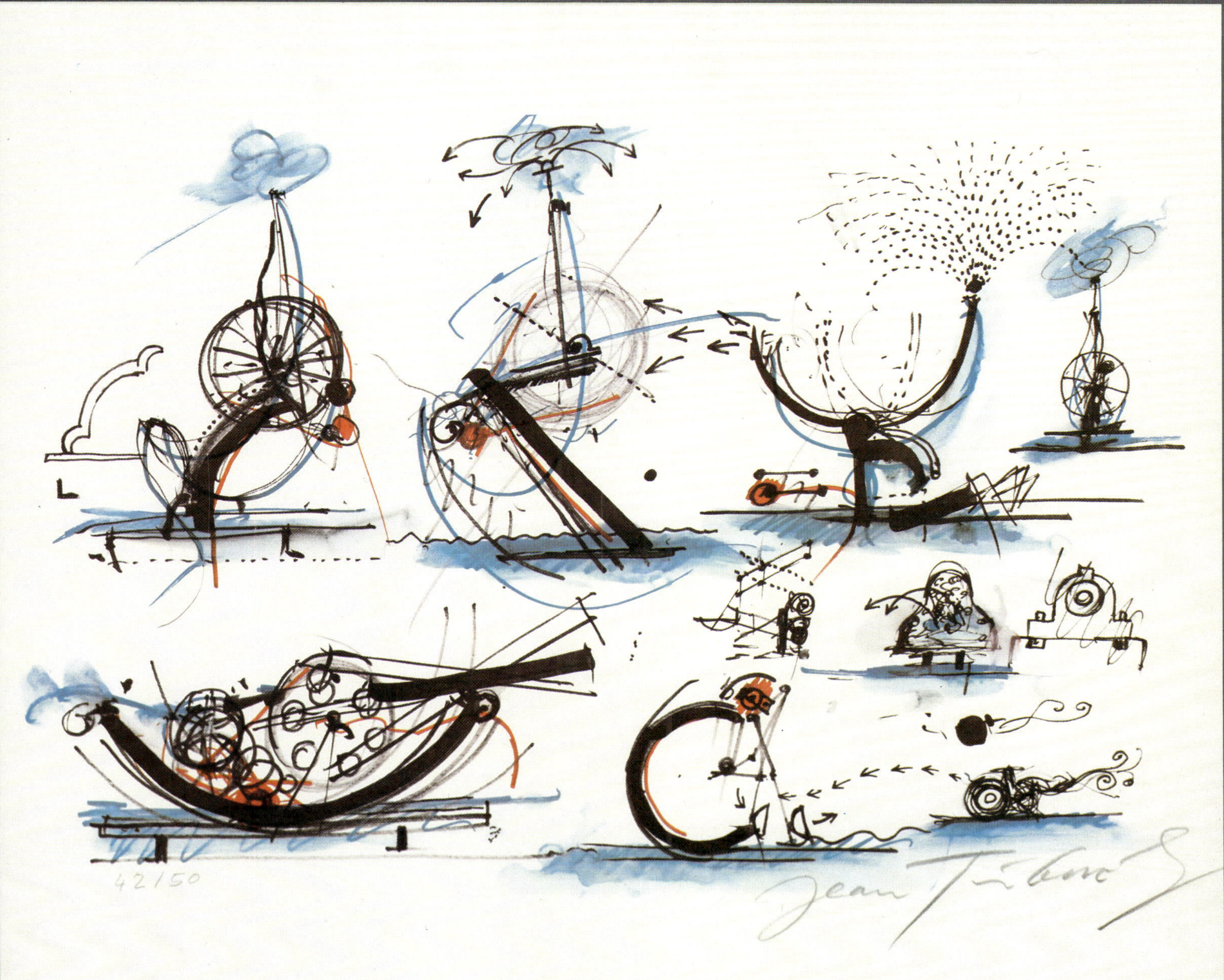
42/50

dr Theaterkopf

d Spinne

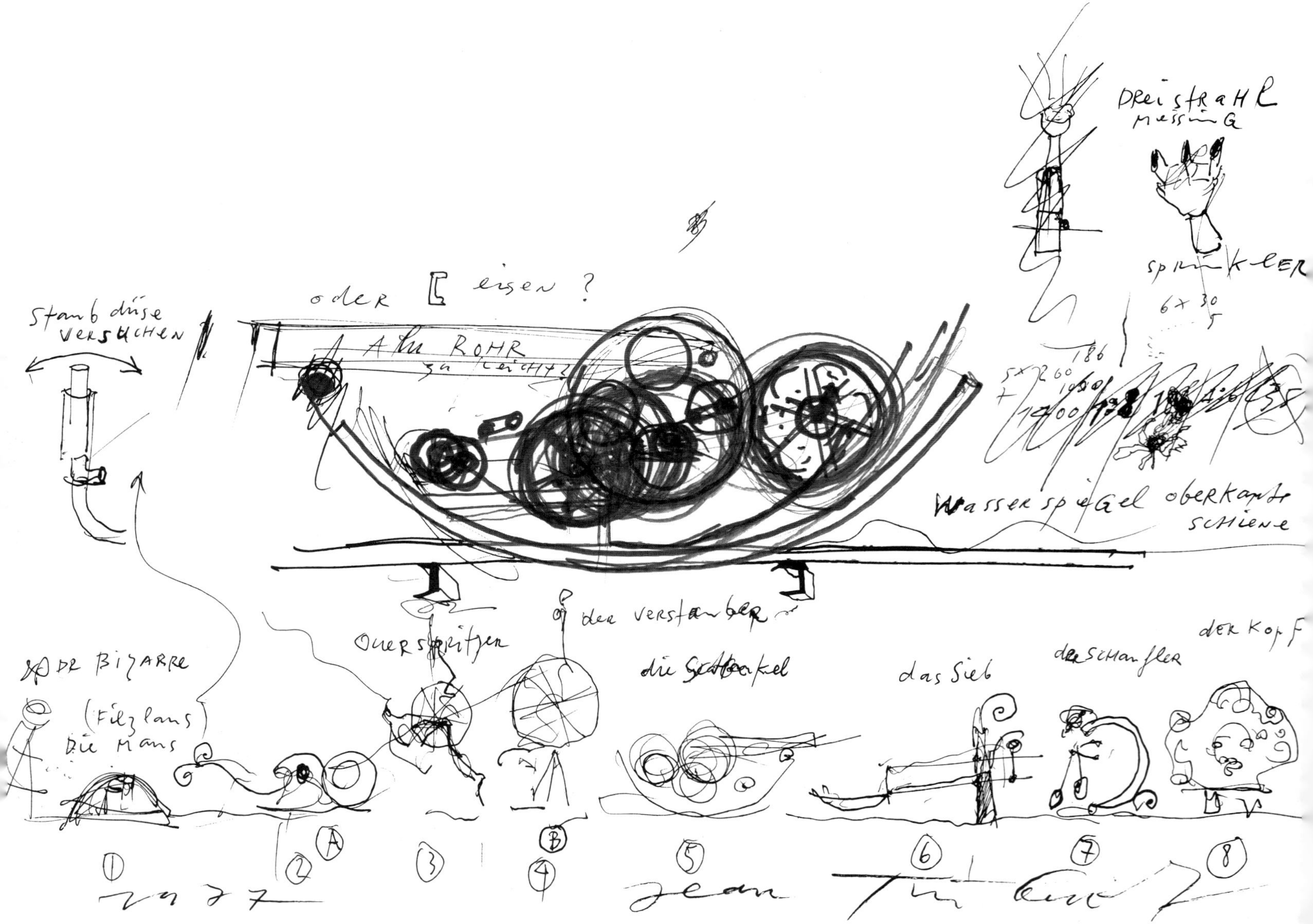

Staub düse versuchen
oder [eisen ?
Alu ROHR
DREISTRAHL MESSING
SPRINKLER
6 × 30
Wasserspiegel oberkante schiene
der verstauber
ÜBERSPRITZEN
DR BIZARRE
(Filzlaus)
DIE MAUS
das Sieb
der Schaufler
DER KOPF
1
2
A
3
B
4
5
6
7
8
1977
Jean Tinguely

dr Waggler

46/47
d Fontääne

Rost Freien StAhl
13 Keilriemen
(Tel Geiger)
HÄNGende MOTOR
plastik
ROSTA
spanner
Niveau - wasser
13
LANGsamer STRAHL
& Breit wie eine Bürste
QUER HIN & HER
1977 - Jean Tinguely

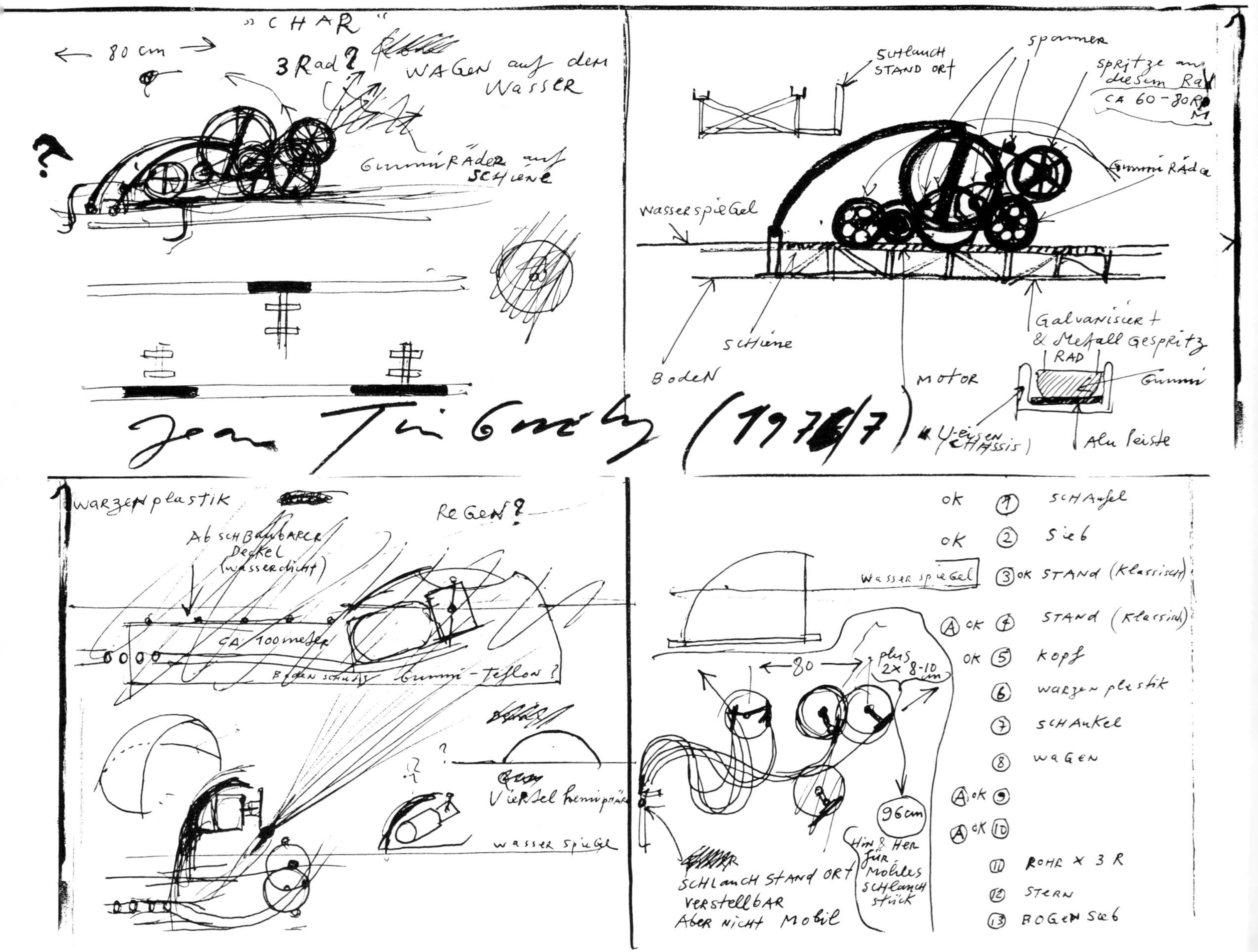

"CHAR"
80 cm
3 Rad?
WAGEN auf dem Wasser
Gummiräder auf Schiene
Schlauch Stand Ort
spanner
Spritze an diesem Rad
CA 60-80 RPM
Gummi Räder
Wasserspiegel
Schiene
Boden
Motor
Galvanisiert & Metall Gespritz
RAD
Gummi
U-eisen (CHASSIS)
Alu leiste
Jean Tinguely (1977)
warzenplastik
Regen?
Abschraubbarer Deckel (wasserdicht)
CA 100 meter
Gummi-Teflon?
Viertel hemisphäre
wasser spiegel
ok 1 SCHAufel
ok 2 Sieb
wasser spiegel
3 ok STAND (Klassisch)
A ok 4 STAND (Klassisch)
ok 5 kopf
6 warzen plastik
7 schaukel
8 wagen
A ok 9
A ok 10
11 ROHR x 3 R
12 STERN
13 BOGEN Sieb
80
plus 2x 8-10 cm
96 cm
Hin & Her für Mobiles Schlauch stück
SCHLAUCH STAND ORT verstellbar aber nicht Mobil

dr Spritzer

50/51
dr Suuser

① R
② LL
③ S
④ ScH
⑤ F
W.P. 1
W.P.
1977

52/53
dr Wäädel

54
dr Schuufler

s Seechter

56–63>
Zur Einweihung komponieren Lukas Burckhardt und Otto Wick einen Brunnenmarsch

Übergabe
des Fasnachtsbrunnens von

Jean Tinguely

Dienstag, 14. Juni 1977, punkt 20.15 Uhr
auf dem Theaterplatz

Programm

Auftakt PS-Corporation

Jugendzirkus Basilisk

Begrüssung durch Herrn Regierungsrat Eugen Keller

PS-Corporation

Übergabe des Brunnens durch Herrn Heinrich Morf,
Präsident der Verwaltung der Genossenschaft Migros Basel

Basler Ballett

Barogg Harmoniger

Abnahme des Brunnens durch Herrn Regierungspräsident Arnold Schneider

Brunnenmarsch - Pfeifermarsch für Jean Tinguely von Lukas Burckhardt
Trommeltext Otto Wick
Uraufgeführt von den Kuttlebutzern 1977
Verse: s'Wasser — spritzt
dr Jeannot — lacht
d'Röhre — tropft
d'Maschine — lauft

M = ♩ 76

Ansprache Jean Tinguely

PS-Corporation

Wasserballett

Finale

Brunnenmarsch für Jean Tinguely von Lukas Burckhardt

3
dr Jeannot
1.
2.
4
lacht
1.
2.

5
d'Röhre
1.
2.
6
tropft
1.
2.

7
d'Maschine
1.
2.
8
lauft
1.
2.
D. C. Vers 1

Zem Pfyffermärschli vom Dr. Lukas Burckhardt
e Drummeltägscht vom Otti Wick

D. C. Vers 1

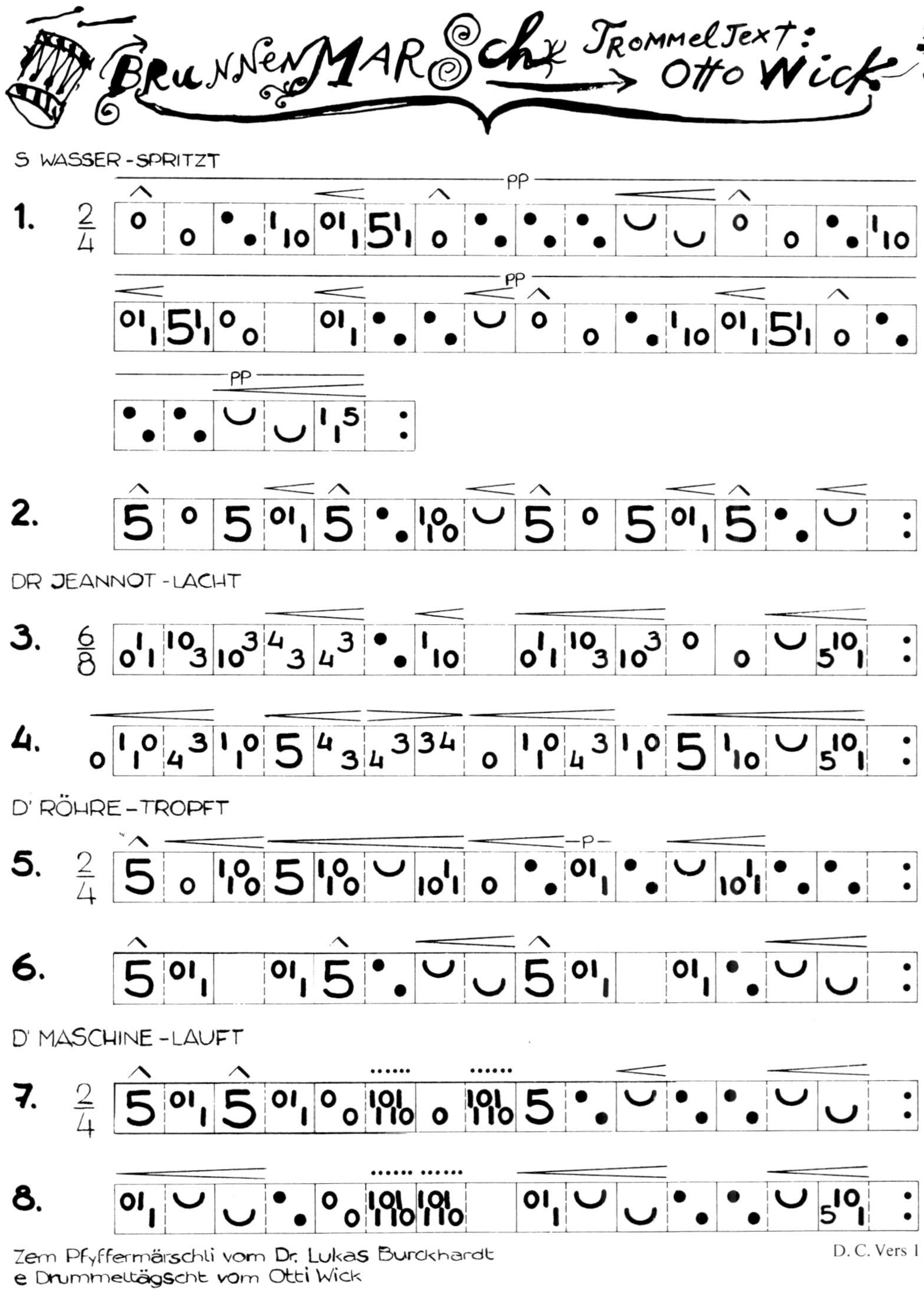

64 >
Regierungsrat Lukas Burckhardt dirigiert seinen Marsch

65 >>
Tinguely erscheint hoch auf einem Kamel in rabenschwarzem Tenue zur Einweihung

66–69 >>>
Einweihungs-Schnappschüsse

→7A
→8
→8A
→9
→9A
→10
ETY FILM 5063
KODAK SAFETY FILM 5063
KODAK SAFETY FILM
→13A
→14
→14A
→15
→15A
→16
KODAK SAFETY FILM 5063
KODAK SAFETY FILM 5063

→10A
→11
→11A
→12
→12A
→13
3
KODAK SAFETY FILM 5063
KODAK SAFETY FILM 5063
→16A
→17
→17A
→18
→18A
→19
DAK SAFETY FILM 5063
KODAK SAFETY FILM 5063
KODAK SAF
→22A
→23
→23A
→24
→24A
→25

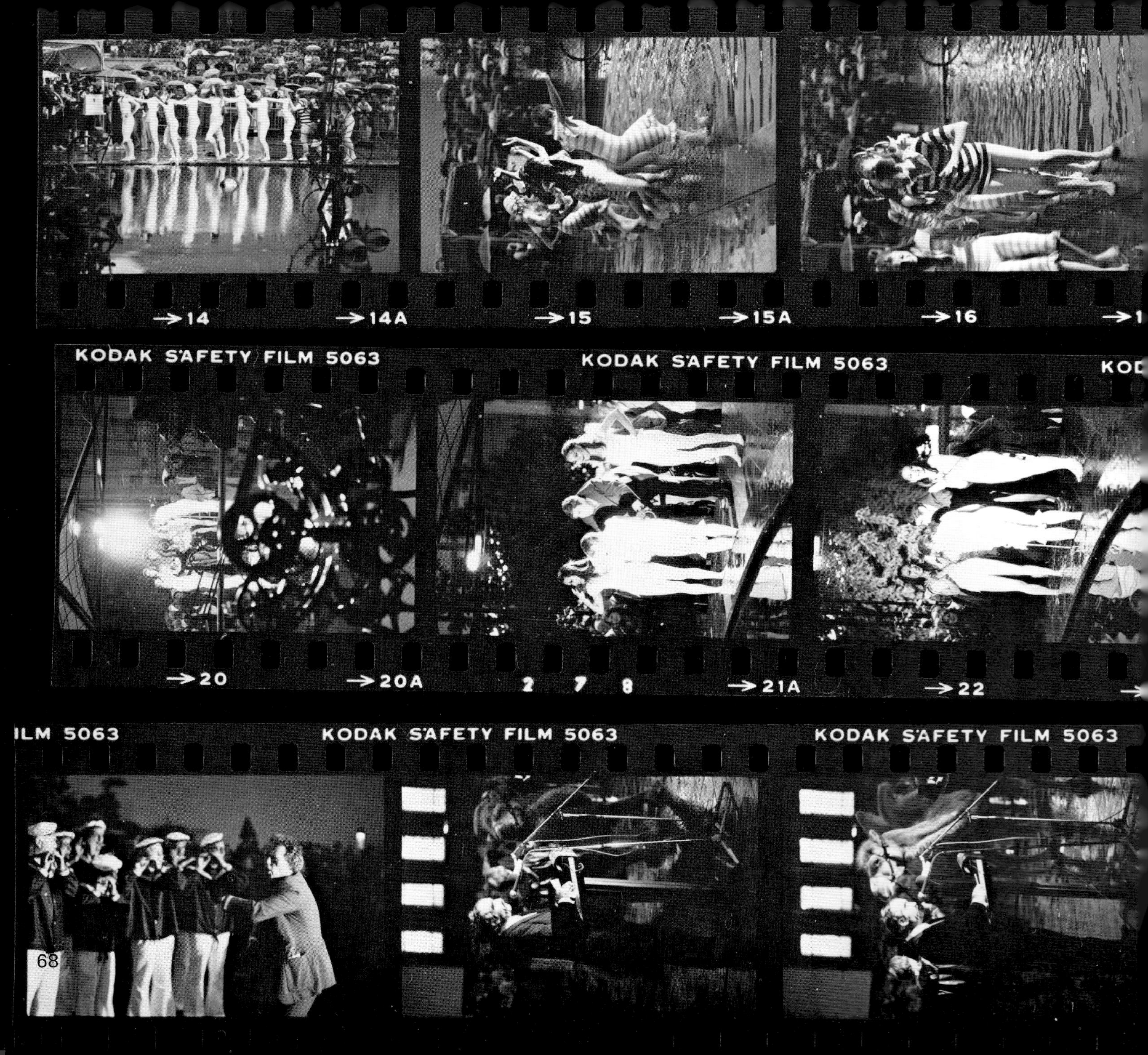
→14
→14A
→15
→15A
→16
KODAK SAFETY FILM 5063
KODAK SAFETY FILM 5063
→20
→20A
2 7 8
→21A
→22
ILM 5063
KODAK SAFETY FILM 5063
KODAK SAFETY FILM 5063

→17
→17A
→18
→18A
→19
→19A
SAFETY FILM 5063
KODAK SAFETY FILM 5063
KODAK SAFETY F
A
→23
→23A
→24
→24A
→25
KODAK SAFETY FILM 5063
KODAK SAFETY FILM 5063

72/ 73
Die begrünte Pergola verbindet sich mit dem Filigran der Kirchtürme sowie mit den Wasserfächern des Brunnens

74/75
Jean Tinguelys Brief an Hans-Peter Widmer

Vi dmer
Am 13 September (78)
(Dasch e Mittwuch)
Au no d'Ersatzmotore bringe
möcht ich gärn ebitz verbessere
i sött dr elektrisch Schweissapparat
und dr Schweissbrenner
Got das ?
mit eme scheene Gruess: Jean Tinguely

76–89>
Der Brunnen läuft, der Brunnen spritzt

90–97
Wintereinbruch
94 ≫
Fasnacht am Brunnen

Fasnacht am Brunnen

94–99
Das Eis wächst zum Berg und zerstört einige Figuren

100/ 101
Mittwoch morgen wird der Brunnen gereinigt

Die Zeichnungen und Briefe gehören:

Lukas Burckhardt 56
Fasnachtscomitee 41
Werner Muster 21, 52
Maja Sacher 1–3, 34/35, 37, 38/39, 44, 47, 48
Hans-Peter Widmer 74/75

Fotonachweis

Kurt Baumli 25, 26, 64, 92/93, 96/97, 98, 99
Ludwig Bernauer 19, 30, 33, 42, 43, 45, 46, 49, 51, 53, 54, 55, 70/71, 72, 76, 77, 85, 86, 88, 100, 101, 102/103
Leonardo Bezzola 28/29, 65, 66/67, 68/69
Werner Blaser 40
Helli Eble 89
Fasnachtscomitee 41
Hannes-Dirk Flury 23, 24
Peter Grünert 17
Enrico Luisoni 73, 78/79, 80, 81, 82/83, 84, 87
Werner Muster 20, 22, 27, 106
Peter Stöckli 18
Kurt Wyss 90, 91, 94/95